Races Porcines

FRANÇAISES & ÉTRANGÈRES

PAR

QUENTIN QUINT

MEMBRE DU JURY AU CONCOURS GÉNÉRAL AGRICOLE

DE PARIS

PARIS

ALCAN-LÉVY, IMPRIMEUR BREVETÉ

24, rue Chauchat, 24

1893

Races Porcines

FRANÇAISES & ÉTRANGÈRES

PAR

QUENTIN QUINT

MEMBRE DU JURY AU CONCOURS GÉNÉRAL AGRICOL

DE PARIS

PARIS

ALCAN-LÉVY, IMPRIMEUR BREVETÉ

24, rue Chauchat. 24

1893

AVANT-PROPOS

AVANT-PROPOS

L'élevage de la race porcine et les diverses branches de commerce qui s'y rattachent prennent chaque jour une extension de plus en plus considérable.

Nos producteurs n'ont plus seulement à fournir à la consommation du pays, laquelle s'est singulièrement accrue depuis l'adoption, si longtemps désirée et réclamée par eux, des tarifs douaniers pro-

RACES PORCINES

FRANCAISES ET ÉTRANGERES

RACES PORCINES

FRANCAISES ET ÉTRANGÈRES

Le dernier Concours agricole de Paris a démontré une fois de plus l'incontestable supériorité de la race porcine française sur celles de l'étranger. Les spécimens présentés par nos éleveurs des diverses régions du territoire ont été, de l'avis général, reconnus meilleurs encore que ceux de l'an passé. Nombre d'entr eeux ont paru à juste titre, aux connaisseurs, réunir toutes les qualités désirables, tant au point de vue du rendement en chair, que de la finesse de celle-ci.

Qu'on me permette d'insister sur ce dernier point, qui, suivant moi, a la plus grande importance et auquel l'élevage français semble s'être définitivement attaché, ce dont on ne saurait trop le féliciter.

Tandis que chez nos voisins, en Angleterre surtout, l'on se préoccupe, avant toute autre chose, de développer le plus rapidement possible les jeunes animaux et d'arriver, à l'aide d'une hygiène et d'une nourriture incompatibles avec leur âge, à leur faire acquérir un accroissement considérable, lequel se traduit invariablement par une exubérance de graisse, au détriment de la chair proprement dite, nos éleveurs préfèrent sagement donner à leurs sujets un développement plus lent, plus rationnel, si je puis m'exprimer ainsi.

Laissons les partisans des races étrangères et principalement de l'Angleterre crier sur tous les tons que les Yorskhires par exemple et les Bershires « poussent » bien plus vite que les races françaises et qu'à sept ou huit mois au plus, ils ont acquis un développement que l'on met ici dix mois et même davantage à obtenir. Il n'en demeurera pas moins irréfutablement établi que ni l'Angleterre, ni l'Allemagne, ni l'Italie ne peuvent aujourd'hui faire rivaliser leurs produits avec les nôtres, dont la nature ne se prête pas à ces engraissements hâtifs — j'allais dire, artificiels. Et une preuve indéniable de ce que j'avance est ce fait facile à contrôler, si l'on doutait de ma parole : chaque semaine, il est acheté, tant à Paris sur le marché de la Villette que dans les principaux centres, une moyenne de **Trois mille** porcs à destination de l'Allemagne, de la Belgique et même de l'Angleterre.

Nul doute que, si les industriels de ces pays pouvaient trouver soit en Angleterre, soit en Italie ou en Autriche, je ne dis pas, des produits meilleurs mais seulement équivalents aux nôtres, ils ne s'empresseraient de donner la préférence à l'un des pays en question, surtout depuis la mise en vigueur de notre nouveau régime douanier, qui a pour ainsi dire fermé la France à l'importation que faisaient autrefois leurs nationaux.

Il en est en effet de ces animaux dont vous hâtez trop le développement comme de ces fruits ou de ces plantes précoces élevés dans des serres à grand renfort d'engrais et qui arrivent ainsi à maturité bien avant l'époque fixée par la nature. Saurait-on les comparer comme saveur, comme goût, comme parfum avec les plantes et les fruits qui ont grandi et mûri suivant les lois naturelles ?

Il en est identiquement de même pour le sujet qui nous occupe.

En voulant procurer à l'animal un accroissement hâtif, on arrive à augmenter chez lui, dans des proportions exagérées, l'élément graisseux et non la viande, alors que c'est le contraire que l'on doit tâcher d'obtenir. Prenez deux porcs de même poids, un Yorskire par exemple et un Manceau, le rendement en chair proprement dite sera d'environ 30 0/0 plus considérable chez le second que chez le premier; en outre, cette chair sera bien plus fine et plus pure, plus agréable au goût, beaucoup plus apte à subir telle préparation culinaire à laquelle on voudra la soumettre.

Je ne saurais donc trop insister sur la nécessité absolue qu'il y a de chercher à obtenir des produits modérément engraissés, *mais bien fournis en chair*, la qualité de celle-ci ne pouvant qu'y gagner au point de vue de la finesse. Malheureusement, si un certain nombre de nos éleveurs, principalement dans nos régions de l'ouest, s'en sont judicieusement rendu compte, d'autres n'ont encore pas renoncé à l'élève du cochon gras et s'adonnent au croisement avec les races anglaises en raison de la rapidité de sa croissance. C'est là une erreur dont il est à souhaiter qu'ils se départissent bientôt ; la force des choses, je le crains pour eux, les y amènera un jour ou l'autre, car nous sommes arrivés à une époque où, dans l'alimentation d'abord et ensuite dans l'industrie, l'usage de la graisse a sensiblement diminué et pour faire place à celui des huiles végétales, minérales et autres matières.

Une remarque utile à faire, au même point de vue et qui concerne l'élevage lui-même, c'est que l'exagération du développement des jeune animaux et l'engraissement excessif ont toujours pour conséquence de nuire grandement à la reproduction de la race et par suite à sa propagation.

C'est ainsi que dans l'une des races anglaises les plus estimées, parce qu'elle offre les plus volumineux produits, les Dishley (formée par le célèbre éleveur Robert Backwell à l'aide des races Leicestershire et cochinchinoise croisées entre elles), un grand nombre de verrats sont inaptes à la reproduction et quantité de femelles infécondes.

Or cette race, comme je le disais plus haut, est précisément celle qui offre les spécimens les plus remarquables d'embonpoint dès les premiers mois de l'élevage.

Plusieurs sujets ont figuré dans nos divers concours agricoles et ceux, qui les ont visités, se rappellent ces porcs monstrueux, véritables montagnes de graisse, inertes et sans forme, dans lesquels il n'était plus possible de distinguer les yeux, ni même la tête et le cou de l'animal.

« *L'excès en tout est un défaut* », dit le proverbe. Jamais il n'a trouvé une meilleure application que dans la question qui nous occupe et l'on ne saurait trop féliciter ceux d'entre nos éleveurs, qui ont eu l'intelligence de comprendre qu'il était préférable de donner leurs soins au perfectionnement et à l'affinement des races plutôt qu'à l'exagération de leur grosseur et de leur taille.

Leurs efforts seront d'ailleurs singulièrement favosés par la protection dont le régime douanier actuel les a dotés, et les résultats qu'ils sont appelés à obtenir les récompenseront largement de leurs peines.

Il ne faudrait pas néanmoins pousser les choses à l'excès, ni exagérer l'affinement des races et leur perfectionnement au point d'en exclure une vigueur suffisante de tempérament. Autrement, l'on courrait le risque d'arriver à un résultat diamétralement opposé à celui que l'on se proposerait d'atteindre, un affinement exagéré pouvant être la conséquence d'une précocité outrée et d'une trop grande aptitude à l'engraissement.

Ceci m'amène à indiquer sommairement les signes distinctifs auxquels on peut reconnaître les meilleurs sujets à choisir : **Le corps proportionnellement le plus long et le plus cylindrique, les épaules les cuisses et les reins bien développés la tête petite, les membres vigoureux et courts, les soies douces**, sont les plus sûrs indices de la supériorité de l'animal, au pointde vue de la qualité de la chair et de son rendement.

Notre race *craonnaise* est le type par excellence qui réunit de la façon la plus complète ces divers avantages. Aussi est-elle universellement reconnue comme supérieure à toutes celles de la France et de l'étranger.

Avant de passer en revue les diverses races porcines françaises et étrangères, qu'il me soit permis de faire une simple remarque :

Le gouvernement donne tous ses soins et prodigue les plus louables encouragements à l'élevage et au perfectionnement de la race chevaline. C'est fort bien et l'on ne peut que le féliciter des efforts qu'il fait pour l'amélioration du cheval de guerre principalement. Mais ne pourrait-il agir de même pour ce qui concerne l'élevage des animaux destinés à l'alimentation publique et la création de dépôts d'étalons des races bovine, ovine et porcine n'offrirait-elle pas des avantages immenses, à l'agriculture d'abord, et ensuite à la consommation publique?

Les Anglais, beaucoup plus pratiques que nous, ont substitué à leurs races porcines indigènes, dont l'infériorité était notoire, des races qu'ils ont formées en allant jusqu'en Cochinchine et au Canada chercher ce qui manquait chez eux. Et ils ont pleinement réussi.

Pourquoi ne ferions nous pas de même — chez nous bien entendu, puisque nons possédons les meilleures races? Pourquoi ne nous servirions-nous pas de celles-ci pour perfectionner celles qui leur sont inférieures ?

Ou je me trompe fort, ou je crois que tous les éleveurs en France — les éleveurs de porcs notamment — seront de mon avis.

LES

RACES FRANÇAISES

LES

RACES FRANÇAISES

La race des porcs français est très variée et l'on y trouve des types absolument différents les uns des autres. Par suite leur qualité est loin d'être la même et, si certaines régions nous offrent des produits dont l'excellence défie toute concurrence, par contre, d'autres ne donnent que des animaux d'une valeur beaucoup moindre, tant au point de vue du rendement de la chair proprement dite, qu'à celui de la finesse et de la qualité. Ceci tient malheureusement à l'esprit de routine de la grande majorité de nos fermiers, qui se bornent à élever, pour en tirer le meilleur parti possible, les produits des animaux qu'ils possèdent, tels qu'ils sont, et, sans songer à améliorer leur race par des croisements intelligents et raisonnés, sans comprendre surtout que leur intérêt même serait de les perfectionner, et qu'ils trouveraient bien vite la rémunération de leurs efforts.

J'ai cité l'exemple des éleveurs anglais, faisant venir des porcs de la Cochinchine et du Canada, pour arriver à modifier leurs races indigènes qu'ils reconnaissaient eux-mêmes comme notoirement inférieures. Grâce à cette intelligente importation, aux soins qu'ils ont apportés à élever et à développer les sujets qu'ils ont pour ainsi dire créés, ils sont arrivés à acquérir la réputation — imméritée, suivant moi — de posséder les plus beaux spécimens de la race porcine.

Quoi qu'il en soit, il convient de rendre justice à l'intelligence de leurs éleveurs et l'on ne saurait trop les louer d'avoir atteint un pareil résultat, si l'on songe à ce que l'Angleterre produisait avant que les Backwell et autres aient entrepris la régénération de l'élève du bétail et notamment du porc dans la Grande-Bretagne.

Or, nous, nous n'avons pas besoin d'aller loin ; il n'est pas nécessaire de recourir aux pays étrangers pour améliorer nos races : ce sont les plus belles, les plus fines, les meilleures de l'univers entier, à tous les points de vue. Nous n'avons qu'une chose bien simple et bien peu coûteuse à faire : choisir parmi les meilleures pour perfectionner celles qui laissent encore à désirer. Nous possédons une race de porcs qui est incontestablement, de l'avis général, aussi bien en France qu'à l'étranger, reconnue comme supérieure à toutes les races existantes ; c'est la race *craonnaise*, qui résume, sans en excepter une seule, toutes les qualités. La charcuterie parisienne, dont la compétence ne saurait être mise en doute, la recherche avant toute autre et l'emploie presque exclusivement.

Pourquoi ne pas la propager dans toute l'étendue du territoire? Pourquoi ne pas nous en servir, pour corriger les défauts des races du Midi, du Sud-Est et de l'Est, surtout, dont les produits sont d'une qualité bien inférieure et d'un rapport beaucoup moindre? C'est ici surtout que l'action gouvernementale se ferait utilement sentir et que la création de haras pour l'espèce porcine constituerait une mesure que réclament tous ceux qu'intéresse la prospérité de notre élevage national.

Là où l'initiative privée fait défaut, il est nécessaire que celle des pouvoirs publics intervienne.

La plus justement renommée parmi nos races indigènes, avec laquelle aucune autre soit en France, soit parmi les plus renommés de l'étranger ne saurait entrer en ligne de comparaison, est comme je l'ai dit, la race *craonnaise* appelée aussi race *mancelle* et qui se trouve malheureusement limitée aux seuls départements de la Sarthe, de la Mayenne, du Maine-et-Loire et d'une faible partie de l'Orne.

Les animaux de cette race sont d'une taille assez élevée, ont la tête petite, le chanfrein court et droit, le museau aplati et très court, les oreilles charnues et tombantes. Leur corps est long et cylindrique, les jambes fortes et bien musclées ; l'ossature quoique vigoureuse, n'est pas exagérée comme développement ; la peau, très fine, est recouverte de soies blanches un peu jaunâtres, peu épaisses et tombantes. La chair et les tissus graisseux sont fermes et résistants. A l'âge de 9 à 12 mois, époque à laquelle les porcs sont livrés à la consommation, leur poids moyen est de 90 à 130 kilogrammes. A l'engraissement ils peuvent atteindre jusqu'à 250 kilogr. mais jamais au delà.

L'avantage de cette race, outre la supériorité remarquable de sa chair et sa délicatesse, bien supérieure à celles de toutes les autres, c'est que la viande proprement dite se développe simultanément, avec la graisse, et qu'elle est plus fine et plus délicate au goût que chez le porc normand, ou le périgordin par exemple. Aussi est-il on ne peut plus regrettable que la race craonnaise demeure confinée dans sa contrée d'origine, alors qu'on devrait en étendre la propagation sur tout le territoire et par tous les moyens possibles. Par contre — et le fait est des plus regrettables — un certain nombre d'éleveurs font venir de l'étranger et de l'Angleterre, surtout en vue du croisement, des produits bien inférieurs, alléchés qu'ils sont par la perspective d'un élevage rapide et peu coûteux et par suite d'un prompt bénéfice à réaliser, ce en quoi ils font grandement erreur. le commerce de la charcuterie, surtout à Paris, délaissant ce genre de porcs pour rechercher les races françaises pures.

Immédiatement après la race craonnaise, nous avons la *normande* qui a avec elle certaine affinités et s'en rapproche par certains points, bien qu'elle ne soit pas aussi estimée.

La tête est moins grosse, le chanfrein un peu camus, la jambe moins fine, les membres plus osseux. Le corps est très long et très développé, couvert de soies rudes et épaisses. Les oreilles sont larges et pendantes, parfois relevées à leur extrémité, le dos droit. La taille est élevée et la couleur blanche.

La chair quoique moins fine que dans la race précédente est néanmoins de bonne qualité et d'un rendement abondant: Au dernier concours agricole de Paris, l'on a primé trois spécimens de cette race, qui étaient des sujets réellement remarquables.

La race normande a été importée dans le pays d'Auch et les croisements que l'on a obtenus avec le mélange du sang indigène ont donné d'excellents résultats. Le poitrail de l'animal est large et puissant, le corps long et étoffé, les membres bien proportionnés et robustes, en même temps que l'ossature est plus affinée que chez la race normande pure. La chair est fine et très estimée ; elle se rapproche de celle de la race craonnaise.

Les races de la Vendée, du Poitou, de l'Angoumois et de l'Anjou sont des dérivatifs de cette dernière, mais lui sont bien inférieures. On les apprécie néanmoins attendu qu'elles s'élèvent facilement, sont très prolifiques et ont un rendement en chair fort avantageux. Le commerce parisien en fait un grand usage, et les classe immédiatement après la race craonnaise, à défaut de laquelle il les emploie de préférence à toute autre.

Du département de la Dordogne à celui du Puy-de-Dôme, en passant par la Vienne, la Corrèze, la Creuse et le Cantal, l'on rencontre la race périgourdine, reconnaissable à sa robe, qui du gris noir qu'elle possédait autrefois est passée au pie-blanc, par suite de ses croisements avec les races du Poitou et du Bourbonnais.

Le porc périgourdin a la tête fine et pointue, les oreilles légèrement tombantes, le cou large et très court, le corps volumineux et ramassé. Il est beaucoup plus bas sur pattes que le normand ou le craonnais. Son développement est, comme chez le porc anglais, très hâtif et il engraisse de bonne heure; mais son rendement en chair est bien moindre que chez les races citées plus haut et la viande est beaucoup plus grossière. C'est en résumé un diminutif du Yorskhire. C'est à cette race que se rattachent toute celles qui peuplent le sud-ouest de la France jusqu'aux Pyrénées, Landes, Hautes et Basses-Pyrénées, Tarn-et-Garonne, etc.,etc., et qui, suivant les régions, prennent les noms de limousine, quercinoise, marchoise, lauraguaise, lesquelles diffèrent peu entre elles, bien qu'il existe une distinction à faire et qui résulte du terroir proprement dit et de la nourriture qu'il produit.

C'est ainsi que la race limousine est inférieure comme finesse de chair à la lauraguaise, propre au département des Basses-Pyrénées et dont les produits nous fournissent ces excellents jambons de Bayonne avec lesquels — je fais appel au témoignage de tous les véritables gourmets — les jambons d'York les plus renommés ne sauraient soutenir la comparaison, ni pour la finesse ni pour la saveur.

Nous trouvons la race du Bugey, ppelée aussi

race bressane, ou race du bourbonnais dans le Dauphiné, les Dombes, le Mâconnais, le Beaujolais, la Bresse, la Franche-Comté et le Bourbonnais.

Elle est reconnaissable à son museau allongé, son chanfrein droit, ses oreilles à moitié inclinées. La tête est moyenne, le cou étroit, les jambes hautes et grêles, le dos légèrement arqué, les soies autrefois noires aujourd'hui blanches douces et rares. Cette race très prolifique s'élève bien, mais sa croissance est lente et son développement tardif. Sa conformation laisse beaucoup à désirer.

De plus, son rendement en chair est bien inférieur à celui de toute les races que j'ai énumérées plus haut et la viande n'a ni leur saveur ni leur finesse, tant s'en faut.

Enfin, la race lorraine, que l'on rencontre dans les départements formés de l'ancienne Lorraine et que l'on trouve, avec quelques modifications peu sensibles, dans la Champagne, la Picardie et le Nord-Est de la France, est une race, qui, après avoir été longtemps négligée, et par suite très grossière, tend aujourd'hui à s'améliorer sensiblement, grâce à des croisements avec la Normandie et la Flandre. Elle se distingue par un corps long et étroit, un peu voûté, une ossature très forte, des jambes hautes et grêles, des soies rudes et grossières de couleur blanche.

La race des porcs lorrains est restée longtemps d'une infériorité notoire vis-à-vis de toutes les autres races, par suite de la négligence et du manque de soins où elle était laissée. Depuis quelques années, il faut le reconnaître, elle s'est améliorée et des progrès sensibles ont été réalisés par les éleveurs. Mais, comme je le disais plus haut et comme je ne cesserai de le répéter chaque fois que l'occasion s'en présentera, il est de toute nécessité, aussi bien pour elle que pour les races bressane et celles du midi, d'infuser le sang de nos excellentes races de la Sarthe et de la Vendée.

Nous avons là une pépinière des sujets les plus remarquables qui existent aussi bien en France qu'à l'étranger. Pourquoi ne pas nous en servir. Les Anglais l'auraient

fait il y a longtemps, si, comme je le crois, il n'y avait, chez leurs éleveurs, un parti pris et une hostilité déraisonnable contre tous les produits français quels qu'ils soient.

N'est-ce pas d'ailleurs à cette cause unique qu'il faut attribuer leurs importations si coûteuses de reproducteurs, qu'ils sont allés chercher au bout du monde, alors qu'ils avaient bien meilleur et bien moins cher à leurs portes?

Et, cependant, en France, il s'est trouvé des éleveurs assez naïfs pour aller, eux, sur la foi de racontars fantaisistes, se remonter en verrats et en truies d'Angleterre, au risque d'abîmer nos races indigènes. Heureusement que cela n'a pas duré et que l'anglomanie commence à prendre fin.

LES

RACES ÉTRANGERES

LES

RACES ÉTRANGÈRES

AVANT de faire la nomenclature et la description sommaire des porcs étrangers, il convient de faire une remarque essentielle, à savoir que, si les porcs français sont tous, sans exception, originaires du sol même de nos diverses contrées, ou proviennent de croisements entre individus nés également dans le pays, par contre, les pays étrangers et principalement l'Angleterre ne possèdent que des races artificielles, créées mécaniquement, si je puis m'exprimer ainsi, par les éleveurs, et provenant même des pays les plus éloignés, et de toutes les latitudes.

Parmi les races qui ont le plus contribué à la formation des croisements en question, il faut citer tout d'abord le porc indien, ou tonkinois remarquable surtout par la petitesse de ses jambes; la hauteur du thorax les dépasse quelquefois de beaucoup, le dos est large et comme ensellé, la tête petite, les oreilles droites, le front haut, le boutoir extrêmement court.

La robe est généralement noire, parfois tachetée de gris, mais rarement blanche. Cette race qui possède une certaine finesse, a, depuis près de deux siècles, servi à améliorer ou plutôt à transformer les grandes races indigènes de l'Angleterre et de l'Ecosse.

Les éleveurs de ces pays, se sont aussi beaucoup servis du porc africain noir, dont on trouve également de nombreux spécimens en Italie, en Sicile, en Espagne, en Portugal et qui, par contre, est un peu dédaigné en Algérie et en Tunisie, ses pays d'origine, où l'élevage actuel préfère venir chercher des reproducteurs français, ce dont nous ne saurions trop le féliciter, les résultats obtenus étant déjà des plus satisfaisants et des plus rémunérateurs.

Il faut reconnaître, néanmoins, que le porc africain a certaines qualités de finesse et qu'il joint, à une grande fécondité, une aptitude remarquable à s'élever. Malheureusement, aussi, il a une tendance beaucoup trop considérable à l'engraissement.

Comme son congénère chinois, le porc africain a les jambes très courtes, le corps épais au point que, souvent, le ventre d'un animal engraissé touche terre; le dos est large et très droit, le cou est court et puissant, par contre, la tête est allongée et les oreilles relevées et pointues sont d'une longueur qui s'étend de leur ouverture jusqu'à l'œil. Les soies, rares et fines, sont noires le plus souvent.

Cette race a été dénommée souvent, — à tort puisqu'elle a été importée en Italie — race napolitaine.

Comme je le disais plus haut, c'est surtout l'Angleterre qui a créé des races artificielles de porcs; mais, en même temps qu'elles s'y sont multipliées à l'infini, elles ont subi des variations telles, elles se sont tellement modifiées, qu'il serait aujourd'hui impossible de décrire exactement telle ou telle race et que cette description, si elle était faite exactement aujourd'hui, pourrait devenir inexacte d'ici quelques années. Les races qui ont figuré dans nos divers concours, sous les vocables qu'il a plu à leurs éleveurs de leur donner, ne sont plus du tout ce que l'on pourrait se figurer.

Néanmoins, toutes ces races ou plutôt ces variétés artificielles de porcs ont, entre elles, une grande affinité et des caractères généraux présentant une analogie frappante. Tous les spécimens qui en dérivent ont l'ossature extrêmement mince, les jambes courtes, la tête petite, le groin très applati, les oreilles courtes et droites. Ils sont d'une grande précocité et particulièrement aptes à l'engraissement. Mais, s'ils ont amélioré dans une certaine limite la race anglaise proprement dite, laquelle était primitivement grossière et pour ainsi dire sauvage, ils lui ont précisément communiqué cette regrettable facilité de développer le système graisseux au préjudice de la chair, ils n'ont pu, en outre, lui infuser complètement ni la finesse ni la délicatesse qu'ils possédaient par eux-mêmes et que possèdent seules les races indigènes de la France, à très peu d'exceptions près.

Ce sont les races dont je viens de parler et aussi un peu la race canadienne, qui ont servi à la transformation de la race anglaise primitive, et à la création de la race actuelle, dont nos voisins d'outre-Manche se montrent aujourd'hui si fiers.

C'est au siècle dernier qu'un des principaux éleveurs du Royaume-Uni, Robert Backwell, qui s'est surtou illustré par les perfectionnements qu'il a apportés à la race ovine, résolut d'améliorer également celle des porcs indigènes, composée d'animaux grossiers et presque sauvages, très imparfaits de formes et dont les quelques types qui se rencontrent encore dans le Nord de l'Angleterre et de l'Irlande n'ont plus aucun point de ressemblance ou d'affinité avec le porc anglais actuel.

Cette transformation de la race indigène est donc uniquement due à l'infusion du sang étranger et cependant l'on a souvent dit, et nombre de gens prétendent encore, que les races porcines anglaises sont supérieures à toutes celles des autres pays, à quelque point de vue qu'on les envisage.

Je ne veux pas affirmer qu'elles sont sans mérite et même qu'elles n'offrent pas de grandes qualités, surtout en ce qui touche leur précocité et la facilité de leur élevage, mais ce que je maintiendrai toujours et quand même, c'est qu'elles ne peuvent rivaliser avec les nôtres ; ni sous le rapport de la finesse ni sous celui du rendement en chair proprement dite.

Et les éleveurs anglais eux-mêmes se sont si bien rendu compte de cette vérité, qu'ils renoncent depuis quelques années à cet engraissement exagéré auquel ils soumettaient autrefois leurs élèves et que l'on voit de moins en moins dans les concours ces animaux qu'un régime exagéré avait transformés en véritables montagnes de graisse, n'ayant plus de formes pour ainsi dire et dont on ne pouvait à peine distinguer la tête et les membres.

Il convient néanmoins de rendre justice à l'intelligence des éleveurs anglais, qui n'ont pas craint d'aller demander à l'étranger ce qui leur manquait chez eux et sont arrivés, grâce à une sélection raisonnée et à des soins constants, à fabriquer — qu'on me passe le mot — une race hybride, mais à laquelle il est juste d'accorder l'estime qu'elle mérite.

La plus justement renommée des races anglaises et celle de Leicestershire, remarquable par la symétrie de ses formes, la finesse et la délicatesse de sa chair, de beaucoup plus prisée que celle de tous les autres produits de la Grande-Bretagne. Ceci tient — le fait a été constaté et il vient à l'appui de ce que je disais au début de cet opuscule — à ce que son accroissement est plus lent que celui de ses congénères et n'est acquis qu'à l'âge de dix à douze mois, ou lieu de huit chez les autres. Elle est le résultat du croisement de l'ancienne race du Leicestershire avec les porcs cochinchinois, le plus réussi de tous ceux qu'aient opéré les éleveurs anglais.

Nous rencontrons ensuite une certaine quantité de familles porcines, métis des races primitives et des reproducteurs importés soit de Cochinchine, soit du Canada, soit de l'Afrique et de l'Italie. Suivant les régions elles prennent les noms de Middlesex, de Windsor, de Coleshill, d'Essex, de New-Leicester, de Berkshire de Hampshire, etc.

Malgré ces dénominations diverses, elles diffèrent bien peu entre elles et leurs caractères généraux sont toujours les mêmes : corps longs, de forme cylindrique, dos presque droit, ossature peu développée, oreilles droites et chanfrein très court. Toutes s'élèvent et surtout s'engraissent avec une facilité trop hâtive et qui nuit à la finesse et surtout au rendement de la chair.

En résumé, les races anglaises, on le voit, ne sont que des races factices et si l'infusion du sang étranger a servi, dans une certaine mesure, à perfectionner les individus indigènes, d'une qualité absolument inférieure, l'on ne saurait raisonnablement et de bonne foi faire entrer en ligne de comparaison les produits obtenus à l'aide de ces croisements, si heureux qu'ils aient pu être, avec nos races pures de la Sarthe et de la Normandie, par exemple, lesquelles, grâce aux soins dont elles ont été l'objet, s'affinent et se perfectionnent chaque jour d'elles-mêmes.

C'est absolument comme si l'on voulait assimiler dans la race chevaline les produits de demi-sang avec le pur sang, ou, dans un autre ordre d'idée, les vins de coupage avec les produits naturels des crus de la Bourgogne et du Médoc. Les vrais connaisseurs ne s'y tromperont jamais.

L'Italie possède les plus beaux types de la race dite napolitaine, l'une de celles qui ont servi à l'amélioration des races anglaises; on en rencontre de remarquables sujets dans le Piémont et la Lombardie, les seules contrés de la Péninsule où l'agriculture soit florissante et où l'on apporte des soins à l'élevage du bétail. Les races porcines y sont avantageúsement représentées ; elles s'y élèvent et s'y développent très vite, leur chair estassez fine, mais un peu molle ethuileuse, les animaux acquérant au fur et à mesure qu'ils grandissent un engraissement considérable.

On retrouve la même famille de porcs en Corse et en Espagne; mais là, sous l'influence du climat et par suite du manque absolu de soins, elles ont dégénéré peu à peu et se sont atrophiées.

Parmi les races allemandes les plus en renom, il convient de citer en première ligne celles de la Westphalie et de la Hongrie.

Elles ont comme caractère distinctif une puissante ossature, les membres extrêmement développés et très vigoureux; elles sont d'une grande rusticité, résultat de leur élevage en liberté.

Néanmoins, leur chair est assez appréciée pour sa

finesse et la charcuterie allemande jouit encore d'une certaine réputation mais il convient d'ajouter que les industriels de ces pays, la Westphalie principalement, viennent aujourd'hui s'approvisionner pour la plupart sur les marchés français. A quelle cause attribuer cette faveur qu'ils nous font?

Je laisse à mes lecteurs le soin de me répondre.

La Russie possède une race de porcs désignée sous le nom de race de Courlande ou Livonienne, qui, sous des apparences assez grossières de conformation, est cependant estimée pour sa finesse. Les véritables connaisseurs la placent bien au-dessus des races allemandes.

Il me reste, pour terminer cette nomenclature des races porcines européennes, à mentionner celle de Szalonta, en Hongrie, remarquable par sa férocité, son développement rapide et la finesse de sa chair. Alliée à la race napolitaine, elle a fourni des produits très appréciés.

Les races croate, turque et valaque se rapprochent beaucoup du sanglier

Il a été fort question, lors de l'adoption par le Parlement des tarifs douaniers qui nous régissent, des lards américains, dont l'insalubrité avait antérieurement motivé la prohibition en France et qui allaient de nouveau pouvoir y pénétrer.

C'est en vain que pendant nombre d'années, antérieurement au régime actuel, les Américains avaient essayé, par tous les moyens et en se servant des ruses les mieux combinées de nous forcer à acheter leurs produits frelatés.

La douane et ses experts saisissaient impitoyablement et confisquaient, malgré leurs étiquettes anglaises, allemandes ou italiennes, tous les lards a qui l'on essayait frauduleusement de faire passer la frontière ou de pénétrer dans nos ports.

En mettant fin à la prohibition, les droits nouveaux, fixés à 25 francs, auxquels il convient d'ajouter encore les frais de transport et d'octroi, ont opposé une barrière infranchissable à ces produits exotiques, non seulement de qualité absolument inférieures, mais pouvant même présenter des dangers pour la santé de ceux qui en faisaient usage.

Les porcs américains, en effet, ne sont l'objet d'aucun soins depuis leur naissance jusqu'au moment où ils deviennent adultes. Ils sont parqués par troupeaux innombrables dans des terrains où ils vivent à l'état sauvage et y contractent souvent les maladies contagieuses qui atteignent les agglomérations considérables d'animaux. Sans visite préalable, sans s'être assuré qu'ils sont indemnes de toute maladie, on les engraisse pendant une période de deux mois environ avant de les abattre. Une fois tués, on les sale et on les emballe pour l'exportation.

Le procédé est des plus simples, comme l'on voit, et ne nécessite pas de grandes connaissances en matière d'élevage. Malheureusement, il n'est pas sans danger pour la salubrité publique et l'on ne saurait trop prendre de précautions contre l'invasion de ce qu'on a appelé non sans raison, « *le poison américain* ».

On ne saurait donc trop savoir gré à la Chambre et

au Sénat d'avoir barré la route à ces produits frelatés et dangereux, d'autant plus qu'en protégeant la santé publique, d'une part, ils ont, d'un autre côté, assuré l'avenir de notre élevage national et le développement de l'une des ressources les plus importantes et les plus rémunératrices de notre sol.

Paris — Alcan-Lévy, imprimeur breveté, rue Chauchat, 24.

www.ingramcontent.com/pod-product-compliance
Lightning Source LLC
LaVergne TN
LVHW012009160826
845678LV00002B/736

* 9 7 8 2 3 2 9 6 7 0 5 3 9 *